北京市西城区青少年科学技术馆
青少年科学素质培养系列丛书

大自然的设计师

——趣味生物创意设计坊

李 雪 肖 薇 张 帆 陈雨箫 周晓煦 **著**

陈雨箫 **插图**

袁 勤 李 雪 肖 薇 张 帆 **摄影**

U0302121

科学技术文献出版社
SCIENTIFIC AND TECHNICAL DOCUMENTATION PRESS
·北京·

图书在版编目（CIP）数据

大自然的设计师：趣味生物创意设计坊 / 李雪等著；陈雨箫插图；袁勤等摄影. -- 北京：科学技术文献出版社，2024. 8. -- ISBN 978-7-5235-1706-2

Ⅰ. Q-49

中国国家版本馆 CIP 数据核字第 2024EQ6931 号

大自然的设计师——趣味生物创意设计坊

策划编辑：郝迎聪　责任编辑：周国臻　李　鑫　责任校对：张永霞　责任出版：张志平

出　版　者	科学技术文献出版社	
地　　　址	北京市复兴路15号　邮编 100038	
出　版　部	（010）58882941，58882087（传真）	
发　行　部	（010）58882868，58882870（传真）	
邮　购　部	（010）58882873	
官 方 网 址	www.stdp.com.cn	
发　行　者	科学技术文献出版社发行　全国各地新华书店经销	
印　刷　者	北京地大彩印有限公司	
版　　　次	2024 年 8 月第 1 版　2024 年 8 月第 1 次印刷	
开　　　本	880×1230　1/32	
字　　　数	79千	
印　　　张	3.5	
书　　　号	ISBN 978-7-5235-1706-2	
定　　　价	22.00元	

课程介绍

目前，国内 STEAM 教育风起云涌。纵观 STEAM 教育的实施内容，多是与工程、数学、技术等学科方向融合，如与机器人、3D 打印等多类技术项目的融合日趋成熟，而融合生物学科的 STEAM 教育较为鲜见。国内外关于 STEAM 教育理念在生物学科领域教学活动中的运用还处于刚刚起步阶段，尤其是校外生物学科课程设计中与 STEAM 教育理念结合紧密度不够。鉴于此，我们设立了"趣味生物与创意工程结合的 STEAM 教育活动之开发、实践与研究"课题，并获得北京市课外、校外教育"十四五"科研规划课题立项。

当前，培养学生综合素质的综合性课程开发呼之欲出，在"中国 STEM 教育 2029 创新行动计划"的引领下，以多视角将多学科融入生物课外活动中，学生能在学习生物知识过程中学会仿生，尤其是解决生活实际问题显得极为重要。

生物是孩子们喜爱和乐于亲近的，生物世界是创意妙思的源泉。我们的案例设想从有趣的生物体结构与功能寻找项目，展开设计和仿生研究，注重创意工程与生物学科结合解决真情实景下的问题，由发现问题转向活动项目，演变成引发学生探究的启动器，激发学生的兴趣与探究欲，让学生了解设计、实践、测试与迭代的工程设计循环过程，形成的生物创意活动，着力培养学生从生物体的趣闻趣事引发工程思维，激发仿生意识与创意设计能力，提升创造性地解决生活实际问题的能力，批判性地思考生命、生态与未来。

生物创意系列活动，就是以兴趣引导学生提升"生命观念、理性思维、科学探究、社会责任"的教育理念，在观察—识别—描绘—发散—创意—设计—搭建—测试—迭代改进等互动活动基础上，将生物与工程、数学、技术、创意相融合，解决生活实际中的问题，增进对生命价值的体会和认识，达到培养学生以生物学独特的视角为全球资源、环境问题寻找答案的教学目标。

生物创意系列活动是在仿生学基础上建立起来的。仿生学是20世纪诞生并发展起来的一门属于生物科学与技术科学之间的边缘科学。人类在研究和认识生物的过程中，不仅享受到了生物为人类提供的蔬菜、肉、蛋、奶等，而且从生物在环境中的巧妙行为，有意识地去研究和模拟生物系统的功能和结构。如根据鸟、蝙蝠的飞行，经过无数次的试验，终于发明创造了飞机；根据蛙眼的结构功能，发明了跟踪人造地球卫星的电子蛙眼；模仿苍蝇嗅觉器官，制作出极其灵敏的小型气体分析仪；通过对鸟类感觉器官的了解，研制出现代高灵敏度的跟踪导航和发展系统的雷达导航仪器。鸟类在长距离迁徙中的巧妙定向本领，其精确的"生物钟"起着天然导航领航仪的作用，人类借此制造出了火箭、航天器等，踏上了征服宇宙的征程。其他如电子鼻、人工耳、电子警犬、计算机，以及人体内人工器官的制造与临床应用等，也显示了仿生学对促进科学技术进步与发展的推动作用。

目 录

第一篇

观察自然
创意无限

一 · 学思启迪

浩瀚的海洋、广袤的草原、蜿蜒的河流、神秘的雨林，在宇宙中这个蓝色星球的每一个角落，自然界每天都在上演着一场场壮观的生命盛宴。当我们凝视大自然的壮丽景观时，不禁被其无尽的创意和生命力所震撼。自然界，这个地球上最伟大的艺术家，用其独特的手法创造了多彩多姿的生命形式和令人叹为观止的自然景观。从茂密的热带雨林中生长的千奇百怪的植物，到深邃大海中隐秘的生物奇观；从高山上的雪线，到广袤沙漠中的星空，每一处都充满了自然的奥秘和创造力。

自然界中的每一片叶子、每一朵花、每一个生物都是一个独立的世界，都蕴含着生命的智慧和自然选择的奇迹。这些生命形式之间错综复杂的相互作用和依赖关系，展示了一个精妙细致、相互支撑的生态系统。我们有幸能够探索这个世界的奇迹，理解生命的多样性和复杂性。让我们一起踏上这场发现之旅，用好奇心引领我们深入自然的心脏，发掘那些等待我们去探索的秘密。在这个过程中，我们不仅会学到关于生物学的知识，更能够学会如何与自然和谐共存，保护我们共同的家园。

二 · 创意风暴

用什么方法观察自然呢？请你好好思考，完成下图。

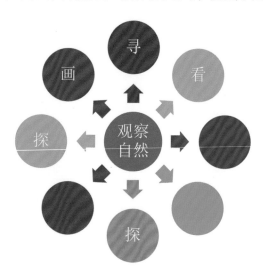

三·巧手实践

　　动物仿生学是人类依据动物的生态、形态结构和生理、生化特殊功效、特性等，通过利用多学科综合地深入研究得以启迪，从而在航天、机械、化学、军工等各个领域中创造发明出无数的新成果，是当代高科技综合研究热点的基础。如在化学工业中需要在高温高压下才能完成的生物合成物，气步甲却能在体内常温常压下合成有毒物质。受这种昆虫的启迪，人类制造出了二元毒气弹。仿响尾蛇制出响尾蛇导弹；仿贻贝制作了生物黏合剂；仿蜘蛛造出人造丝；仿海豚皮肤提高舰船航速；现代科学技术仿照动物眼睛制作仿生电子眼导航仪及研发未来战争用的仿生动物；等等，不胜枚举。

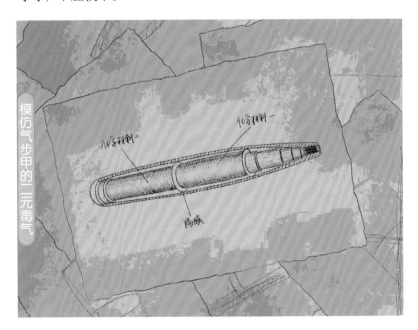

模仿气步甲的二元毒气

查阅资料，结合你自己的了解还能补充哪些仿生技术或产品，请列入以下表格中。

名　称	模仿对象	生活中的作用

（四）· 检测空间

学习了仿生学相关资料，自己找寻一种动物进行自然观察，探究其特征、生活习性、对你的启迪，将这些记录在下页图中，或者画一幅科技小报交流这个物种，或者设计一幅相关内容的海报，宣传保护动物的重要意义。

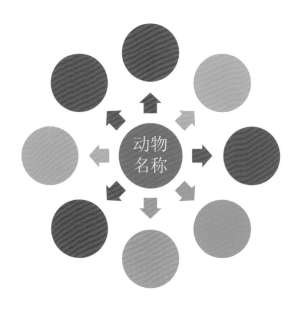

（五）· 拓展链接

（一）自然观察笔记

　　自然观察方法是人们对自然状态下的事物及现象，获取事实信息的一种科学观察方法，是人类最早使用的一种基本的研究方法。在观察过程中应有目的、有准备、有计划地进行；尽量采用先进的技术设备；要有翔实的记录，对自然现象做真实的科学描述和科学解释，以保证观察结果的客观性和科学性。

　　到森林、草原、山地中做自然笔记。远远眺望和旁观是不够的，近距离调动我们的视觉、触觉、听觉和嗅觉，把看到和感受到的一切客观真实地描述和描绘出来。例如，观察和记录一种昆虫，可以从它的形态开始，体形大小、翅膀的质地、触角的形态、足的情况，通过绘画的形式记录下来。还可以观察它的行为、生活环境，甚至在没有危险的情形下可以用手去摸一摸，体会是什么样的手感？用鼻子去闻一闻，是否能感觉出特殊的气味？总之真实地记录下你所看到、感知到的一切。

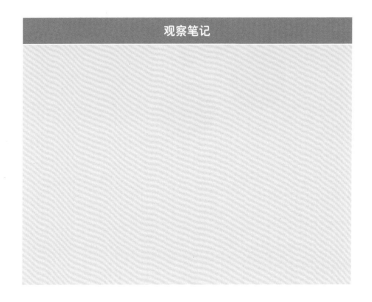

观察笔记

（二）保护生物多样性海报

海报是极为常见的一种招贴形式，多用于电影、戏剧、比赛、文艺演出等活动。海报中通常要写清楚活动的性质，活动的主办单位，活动的时间、地点等内容。海报的语言要求简明扼要，形式要做到新颖美观。

海报设计的六大要素：

（1）**主题**：是让观者明白海报的主要内容和中心思想，知道表达什么核心内容，主题一般放在整个海报页面的第一视觉中心点，主题文字要简练、高效，单刀直入。

（2）**风格：**是指页面传递给人的某种感觉，如古典、可爱、小清新或简约时尚等。

（3）**构图：**在海报设计过程中构图版式的平衡感极为重要，要处理好不同物体之间的对比联系。如文字字体的大小对比、粗细对比、模特的远近对比。

（4）**配色：**运用同类色、邻近色、对比色、渐变色等技法，使画面产生和谐、温暖，远近感和三维的视觉效果。

（5）**布景：**海报设计中的布景指的是衬托主体事物，如生物、文案、保护内容等的景象。

（6）**主角：**主角的摆放方位、角度、比例、画面占比、与其他元素的交融、清晰度等问题。

第二篇

创建一个
小版的“你”

一·学思启迪

我们人类是自然界的高级动物，DNA与化石证明，人类大约于300多万年前起源于非洲。之后人类经历了漫长的进化过程，从森林古猿到灵长类动物，一步一步发展成为现在的样子。漫长而独特的进化方向，让人类拥有了高度发达的大脑、复杂的抽象思维、语言、自我意识以及解决问题的能力。与其他动物相比，我们能制造精

致的工具、能熟练使用工具进行劳动，有丰富的思维、判断能力，有创造能力。这些特性，使我们人类成为自然界的高级动物。而这些能力，与人类独特的人体构造密不可分。人类的直立行走解放了自己的前肢，使得前肢可以自由活动，这让富有智慧的人类有了远超出其他任何物种的工具使用能力，并最终发展出强大的劳动能力和创造性。

（一）观察自己的身体

（1）观察你自己，也可以小组成员之间相互观察，然后讨论一下我们的身体由几部分组成？

（2）通过我们的四种感官细心察看自己，像科学家一样，分析身体的脊柱、器官等结构，把自己的发现填写到记录表中。

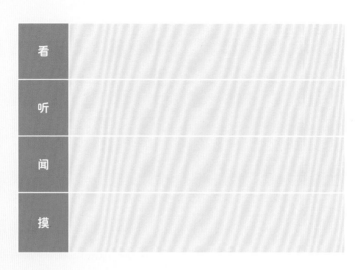

看	
听	
闻	
摸	

人体的每一个部分都有特殊的功能，在进行各种生命活动的时候，各个不同的部分不是孤立的，而是互相密切配合协同工作的。

（二）观察人体脊柱模型

（1）成人脊柱：成人脊柱由颈椎、胸椎、腰椎、骶椎、尾椎组成，共计26块椎骨，其中颈椎7块、胸椎12块、腰椎5块、骶骨1块（由5块骶椎融合构成）、尾骨1块。脊柱上端承托颅骨，下联髋骨，中附肋骨，并作为胸廓、腹腔和盆腔的后壁。脊柱具有支持躯干、保护内脏、保护脊髓和进行运动的功能。脊柱内部自上而下形成一条纵行的脊管，内有脊髓。

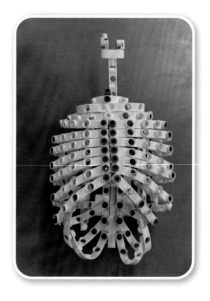

（2）生理弯曲： 正常成年人体的脊柱自上而下有向前凸起和向后凸起的弯曲，称为生理弯曲。仔细观察人有几个生理弯曲及弯曲的方向。

脊柱自颈椎至骶椎有 4 个生理性弯曲，即向前凸起的颈曲与腰曲，向后凸起的胸曲与骶曲，从侧面看脊柱呈"S"形弯曲。脊柱的生理性弯曲可以使脊柱产生弹性动作，以缓冲和分散在运动中对头部和躯干产生的震动，故脊柱的弯曲具有生理性保护作用。

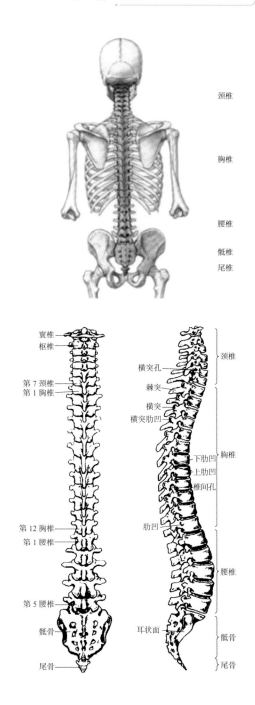

（3）**比例尺：** 比例尺是表示图上一条线段的长度与相应线段的实际长度之比。比例尺的标识方法常见的有三种：

①数字式比例尺： 1 ： 500 000 或 1/500 000；

②图示比例尺： ├────┤

　　　　　　　　5 千米

③文字比例尺：图上 1 厘米相当于地面距离 5 千米。

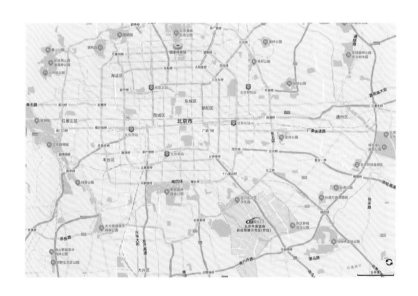

通过阅读上面的文字，你对自己的脊柱有多少了解？这些知识对你有什么启示，发散你的思维完成下面的思维导图。

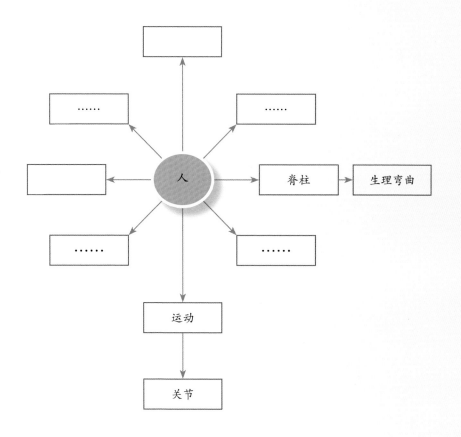

同学们可以利用各种可拼插的搭建材料或者家里的拼插玩具零件来搭建人体的脊柱模型。

（一）要求

（1）设计模型不低于 50 厘米，不高于 100 厘米；

（2）按设置要求，将测量的人体尺寸进行适当的比例转换；

（3）搭建的基本人体框架，应不少于五个可以自由活动的关节；

（4）用任意零件及生活材料美化完善自己的作品。

（二）完成设计图

小版的"我"

（三）按照自己的设计规划分步骤完成搭建作品

（1）选择好材料；

（2）先搭好框架再分步骤连接；

（3）美化完善自己的作品；

（4）收拾工作场地。

（四）· 检测空间

创建一个小版的"你"学习单

姓名：_____

所用材料：

我的搭建思路：

制作中遇到的困难：	解决办法：

我的作品：

我的制作记录：

项　目	A	B	C
作品完成情况			
作品美观情况			
动手动脑的乐趣			

五 · 拓展链接

（一）人体的八大系统

人体可以分为以下8个系统：神经系统、运动系统、呼吸系统、循环系统、消化系统、泌尿系统、生殖系统和内分泌系统。

（二）关节

骨与骨之间连接的地方称为关节。因人体各部分骨的功能不同，将与骨连接的关节分为两类：不动关节（骨缝）：骨与骨之间借致密的纤维结缔组织紧紧相连，如头骨的骨片之间。可动关节：两骨接触面形状契合相互适应，起到富有弹性并减少摩擦、缓冲运动时的冲击和震荡的作用。

关节由关节囊、关节面和关节腔构成。关节囊包围在关节外面，关节内的光滑骨被称为关节面，关节内的空腔部分为关节腔。正常时，关节腔内有少量液体，以减少关节运动时摩擦。关节周围有许多肌肉附着，当肌肉收缩时，可做伸、屈、外展、内收以及环转等运动。

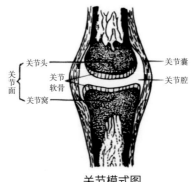

关节模式图

学生作品展示

手工制作心得

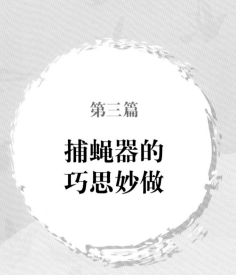

第三篇

捕蝇器的
巧思妙做

一·学思启迪

（1）塑料瓶在生活中司空见惯，主要是由聚乙烯或聚丙烯等材料，添加了多种有机溶剂后，经过高温加热、吹塑、挤吹、注塑而成型，变成各种塑料容器。用于饮料、食品、酱菜、蜂蜜、食用油、农兽药等液体或者固体的一次性，或可重复使用的包装容器。塑料瓶具有不易破碎、成本低廉、透明度高、食品级原料等特点，是设计制作的很好材料。

塑料瓶能制作什么器具呢？请发散思维想一想。

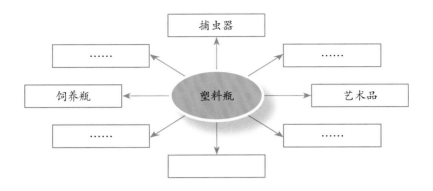

（2）生活中我们会受到各种小昆虫的侵扰，给生活带来一定的影响，比如苍蝇、蚊子，它们属于昆虫纲的动物。昆虫有哪些生活习性呢？

食性：昆虫对食料的选择很严格。据统计，在所有的昆虫中，吃植物的约占 48.2%，吃腐烂物质的约占 17.3%，寄生性昆虫占 2.4%，捕食性的占 28%，其他都是杂食性的。

趋性：昆虫对外界的光、热、化学物质的刺激有趋向或背离的习性。按照刺激物的种类及性质，趋性可分为趋光性、趋化性、趋温性、趋水性、趋触性和趋声性，其中以趋光性和趋化性最为重要。

假死性：一些昆虫遇到外界惊扰就暂时停止活动或自动掉落下来，好像死去一样，叫做假死性。例如，苹毛金龟子、铜绿金龟子、一些象鼻虫、小地老虎和黏虫的幼虫等，在受到突然振动时立即作强直性麻痹状昏迷，坠地装死。人类利用它们的假死性进行捕杀。

群集性：有些昆虫有群集性，特别是刚孵化后的低龄幼虫常常集居在一起，如舟形毛虫的幼虫常群集一起为害寄主，幼龄的天幕毛虫在树杈间结网，二十八星瓢虫集居在一起越冬，等等。

二 · 创意风暴

　　家里也会滋生各种小昆虫，给我们的生活带来一些烦恼。我们可以使用塑料瓶等废物再利用来制作一个捕虫器，让它既可以捕捉到昆虫，又可以维持昆虫存活，供我们饲养的宠物昆虫（如螳螂）食用。

　　制作一个捕虫器需要考虑哪些因素？下面把你认为需要考虑的因素记录下来。

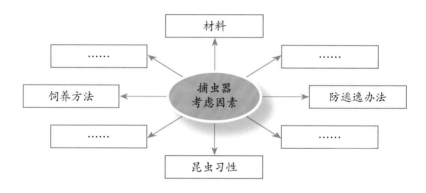

设计针对蚊蝇一类的捕虫器：

　　家中发现蚊蝇是个很烦恼的事情，怎样利用简单办法捕捉到蚊蝇，既不污染室内环境，还能维持蚊蝇活着供自己饲养的宠物（如螳螂）食用。解决这个问题需要考虑以下几个方面：

　　（1）蚊蝇停落位置较高，持捕虫器能站在地下完成捕捉；

　　（2）捕虫器的头部怎样设计能很好地收集蚊蝇；

　　（3）如何防止掉落到瓶中的蚊蝇逃逸；

　　（4）想一想捕虫器利用了什么原理；

　　（5）＿＿＿＿＿＿＿＿＿＿＿＿＿＿＿＿＿＿＿＿；

(6) _____。

同学们还想到了哪些因素可以填在上面的横线上？请你结合老师提到的几点要求，完善想法，使你设计的捕蝇器更具实用性。

问　题	解决办法
蚊蝇停落位置较高,为方便捕捉,怎么处理?	（1）将多个塑料瓶连接起来； （2）
捕虫器的头部设计需要注意什么?	（1）开口要大，用于罩住蚊蝇； （2）
掉到瓶中的蚊蝇如何防止其逃逸?	（1）一节一节地套上去，无法回头； （2）
捕虫器利用什么原理?	

将自己的奇思变身设计图样，并将具体操作步骤罗列出来。

准备材料和设计图

(1) 按设计要求切割瓶体；

(2) 修整切口；

(3) 按需求粘接成品；

(4) 注意操作、使用工具安全。

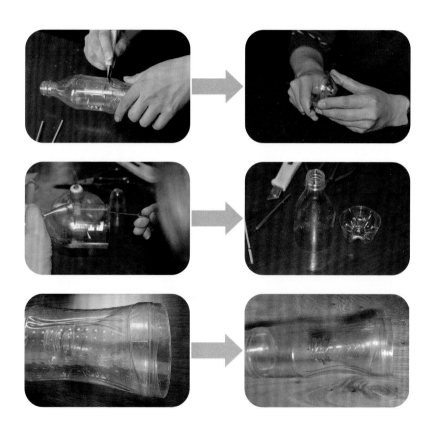

（四）· 检测空间

(1) 想一想：塑料瓶还能制作什么器具呢？

昆虫饲养瓶

蟑螂捕捉瓶

（2）评判一下你的作品：

外形描述	制作过程	使用效果

（3）想一想怎样改进，确保被捕捉的昆虫活着又不能逃逸，为自己饲养的宠物昆虫提供食物？

（五）· 拓展链接

（一）塑料的发展历程

从第一个塑料产品赛璐珞诞生算起，塑料工业迄今已有 120 年的历史，其发展历程可分为三个阶段。

（1）天然高分子加工阶段：主要是天然高分子纤维素的改性和加工。1869 年美国人 J. W. 海厄特发现在硝酸纤维素中加入樟脑和少量酒精可制成一种可塑性物质，热压下可成型为塑料制品，命名为赛璐珞，1872 年在美国纽瓦克建厂生产。当时除用作象牙代用品外，还加工成马车和汽车的风挡、电影胶片等，从此开创了塑料工业先河，相应地也发展了模压成型技术。

（2）合成树脂阶段：是以合成树脂为基础原料生产塑料。1909 年美国人 L. H. 贝克兰在用苯酚和甲醛来合成树脂方面做出了突破性的进展，取得第一个热固性树脂——酚醛树脂的专利权。在酚醛树脂中，加入填料后，热压制成模压制品、层压板、涂料和胶黏剂等。这是第一个完全合成的塑料，主要用于电器、仪表、机械和汽车工业。

（3）大发展阶段：在这一时期通用塑料的产量迅速增大，聚烯烃塑料在 20 世纪 70 年代又有聚 1- 丁烯和聚 4- 甲基 -1- 戊烯投入生产，形成了世界上产量最大的聚烯烃塑料系列。

时至今日，以塑料为主体的合成材料在世界的体积产量早已超过全部金属的产量，塑料材料更朝着功能性材料发展，成为人们生产生活不可离开的最大材料来源。

（二）居室内的常见昆虫

（1）蛾蠓。

蛾蠓是居室常见的昆虫，属于双翅目长角亚目蛾蚋科的昆虫。野外潮湿环境也有，有的会生活在白蚁巢、鼠洞、兽穴等处。水生种类生活在污水、静水或瀑布之下。蛾蠓的成虫静止时翅多呈屋脊状斜覆体上或向后上方斜翘，翅多毛或鳞而似小蛾，故有蛾蚋、蛾蛉、毛蛉等名。

长角亚目昆虫包括吸血的白蛉和室内常见的蛾蠓等重要卫生害虫。头部小而略扁，复眼左右远离，无单眼；触角长，其长度与头胸约等或更长，由 12 ～ 16 节组成，轮生长毛；口器的下颚须长而曲折，4 节或 5 节，喙短而吸血性者长。胸部粗大而背面隆突，小盾片圆；足较短或细长，胫节无端距。

（2）果蝇。

果蝇属双翅目芒角亚目果蝇科昆虫，广泛地存在于全球温带及热带气候区，由于其主食为酵母菌，且腐烂的水果易滋生酵母菌，因此在人类的栖息地内，如果园、菜市场等地区内皆可见其踪迹。除了

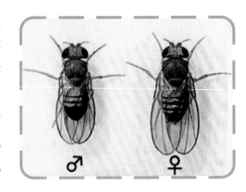

南北极外，目前至少有 1000 个以上的果蝇物种被发现，大部分的物种以腐烂的水果或植物体为食，少部分则只取用真菌、花粉为其食物，是生物学研究的很好材料。

（3）德国小蠊。

德国小蠊属蜚蠊目蜚蠊科，是分布最广泛，也是治理最难的一类世界性家居卫生害虫。它除了盗食、污染食物，损坏衣物、书籍，破坏电脑等精密仪器，造成经济损失外，更主要的危害是传播大量疾病。由

于德国小蠊适应性强、繁殖快，易产生对化学杀虫剂的抗药性，因而对其防治难度很大。

德国小蠊是室内蟑螂中最小的一种，体长在 15 毫米以下，飞行距离短。成虫为棕黄色；触角很长，呈丝状；在前胸背板上有两条平行的褐色纵纹。德国小蠊卵鞘一直拖在雌虫的尾端，直至孵出幼虫才脱落。

第四篇

设计
螳螂饲养盒

一 · 学思启迪

　　螳螂深受同学们的喜爱，目前成为饲养界的新宠。饲养螳螂既不会给家庭带来麻烦，又不会传染人类疾病，还是进行生物学研究的好素材。国外有饲养昆虫的历史，而国内尚处于起步阶段，同学们可以通过简易螳螂饲养盒的设计与实践，满足饲养螳螂的兴趣，并进行观察，将复杂的饲养技术简化，体验饲养成功的乐趣，更好地了解昆虫的生活习性，亲近自然，探索自然。

（一）螳螂的了解与认识

1. 螳螂的特征

杨集昆先生编写的下面这首科普诗很好地展现出了螳螂家族

合掌祈祷螳螂目，
挥臂挡车猛如虎。
头似三角复眼大，
前胸延长捕捉足。

的主要特征。螳螂最具标志性的特征是有两把"大刀"，即前肢，上有一排坚硬的锯齿，末端各有一个钩子，用来钩住猎物，钩子常向腿节折叠，形成可以捕捉猎物的前足；头呈三角形，能灵活转动；复眼突出，大而明亮，单眼3个；颈可自由转动，咀嚼式口器，上颚强劲，腹部肥大。前足用来捕捉猎物，中足、后足适于步行，但有时前足也会用来保持平衡。螳螂属肉食性昆虫，成虫与幼虫均为捕食性，以其他昆虫及小动物为食，是著名的农林益虫。

2. 螳螂的生活习性

螳螂的寿命一般是一年一代，大约是6～8个月。雌性产卵是在树枝的表面，卵位于卵鞘中。每个卵鞘中有20～40个卵，排列成2～4排，每只雌性可产4～5个卵鞘。次年初夏，数百只若虫从卵鞘中孵化出来。若虫蜕皮数次，发育成成虫，为不完全变态。螳螂喜阴怕热。它们大多生活在野外的草地和山地森林的灌丛中。

（二）饲养的要求和条件

螳螂喜欢在温度为18℃～22℃、相对湿度为75%～85%的

环境中生活。要想为螳螂提供很好的饲养环境,需要了解以下条件:

(1) 饲料:螳螂属于捕食性昆虫,喜欢捕捉活虫,特别是以运动中的小虫为食。3龄前的幼小若虫,如无活虫喂养,很难饲养成功。因此,在螳螂卵块孵化前,应准备好活虫饲料,如果蝇和蚜虫等,果蝇繁殖力极强,且容易饲养,是饲养螳螂的很好食材。螳螂3龄后须配制人工饲料,如大蜡螟、玉米螟、菜粉蝶、黄粉虫等其他饲料昆虫。

(2) 管理:螳螂因有自相残杀的习性,家庭饲养尽量一只一笼,笼内栽种矮小植株供螳螂栖息,还要提供可供螳螂攀爬的装置。

(3) 环境调控:提供螳螂生活和繁殖所需的温度、湿度条件。

二 · 创意风暴

饲养螳螂的第一步是需要提供一个舒适的空间,设计这样一个空间需要考虑哪些因素呢?除了以下提供的因素,我们还能补充什么?让我们一起设计并制作完成吧!

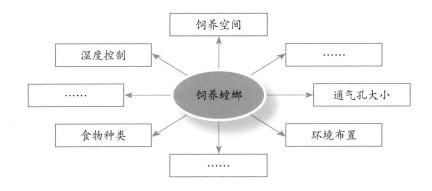

（一）饲养需求

饲养螳螂需要提供饲育室、湿度调节器和食物发生器等空间和设施，以维持昆虫生活的食物、饮水装置、通气装置、湿度要求。

（1）饲育室：是为螳螂活动准备的空间，底座需可拆卸，便于清洗；要有通气窗，为昆虫提供新鲜空气；还应设置投食口，便于投喂食物。设计放置网纱，便于昆虫攀爬。整体透明利于观察昆虫的活动状态。

（2）湿度调节器：昆虫是外骨骼动物，在不断长大的过程中要经历几次蜕皮，蜕皮需要一定的湿度，因此饲养部分昆虫需要控制好湿度。

（3）食物发生器：对于捕食性昆虫，需要设计源源不断为它们提供食物的食物发生器。假定螳螂的食物为果蝇，选择哪种食物为果蝇培养基质？果蝇羽化后设计怎样的通道出入饲育室，为饲养的螳螂提供食物？

（二）设计要点

（1）活动空间（攀爬、休息）；

（2）食物发生器（培养基质）；

（3）湿度保持装置（吸水功能）；

（4）在满足螳螂日常生活需求的基础上，还要注意适合学生使用的特点：简易、小型、多用、组合、便于观察。

（一）画出设计草图

根据饲养需求和设计要点画出设计图。

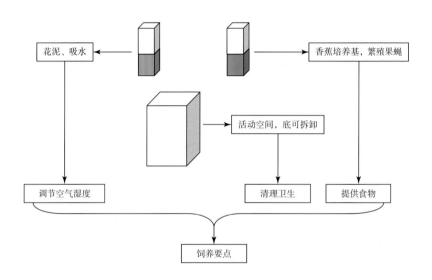

（二）完成设计步骤和材料清单

设计步骤与材料清单

设计步骤：

材料：

（三）按照操作步骤完成制作

（1）完成饲育室的设计制作——活动空间、清理卫生；

（2）完成湿度调节器的设计制作——吸水物质；

（3）完成食物发生器的设计制作——食物；

（4）完成组合制作——简易、小型、多用。

四 · 检测空间

（一）饲养效果检测

使用你设计的饲养盒饲养螳螂，发现了什么问题？怎样解决？

检测项目	饲养效果	改进措施
活动空间		
食物提供	食物发生器中的果蝇饲养繁殖量跟不上	
其他	温度低，孵出的果蝇个子小；有从通气孔中飞出的现象	将通气孔直径减小

你还有哪些收获可以补充在表格中。

（二）饲养体验

在自制的饲养盒中饲养螳螂，可以做很多的观察研究：

(1) 果蝇的生长历程；

(2) 螳螂的生长历程；

(3) 不同螳螂的生长差别研究；

(4) 不同时期螳螂的食量观察与研究。

自拟一个方向或选择一个方向进行观察，开启你的昆虫探究之旅！

五·拓展链接

（一）饲养果蝇的配方

配方 1	先将 250 毫升清水倒入容器中，取其中的少量水，将 5 克酵母片捣碎放入水中溶解，然后将 50 克鸡蛋黄、20 克蜂蜜、20 克蔗糖全部倒入容器中，经过充分搅拌均匀后，放入锅中蒸沸，冷却后备用
配方 2	将 100 克鲜猪肝 (其他动物肝也可)，洗净切碎剁烂成糊状，加入蔗糖 50 克，拌匀备用
配方 3	水 100 毫升、鲜猪肝 40 克、蚜虫粉 20 克、豆粉 5 克、蔗糖 20 克、琼脂 20 克、酵母片 1 克

（二）螳螂的种类

世界上已知螳螂有 2200 多种，有人认为螳螂目可大体分为 4 个总科。中国已记载 8 科 19 亚科 47 属 112 种，广泛分布于热带、亚热带和温带的大部分地区。

形态各异的螳螂

南非的非洲角螳

我国的眼斑螳

印度的小提琴螳

钩背枯叶螳

云南普洱的叶背螳

北京的中华大刀螳

马来西亚的兰花螳

（三）成品介绍

北京市西城区青少年科学技术馆曾经开展了多年饲养与栽培的大型科普活动项目，饲养种类以昆虫居多。在项目开展初期，经过多方查找，没有适合学生饲养昆虫、近距离观察昆虫的很好器具。在中国教学仪器研究所生物技术室袁勤教师的指导下，引导学生研发出了适合自己观察和饲养用的饲养器具。该饲养盒在中小学生中被广泛试用，使用人数达5000人。学生们的热情极高，这种饲养盒因饲养动物可爱、饲养环境干净、管理容易而受到大家的认可，也受到家长的好评。该饲养盒还获得了国家专利。

第五篇

视觉暂留
体验活动
——笼中鸟

很多同学都喜欢看动画片，但你们知道动画片是怎样制作出来的吗？早期的动画片是动画师们用笔和纸一张一张画出来的：确定好主要分镜画面后，动画师会在每个分镜中间插入大量过程图，即在每一页纸上，按照特定的动线画出只有细微差异的图画。当人们眼前的画面消失时，该画面不会立即从脑海中消失，这一现象被称为视觉暂留现象。因此，当一张张按特定顺序摆放的、有细微差异的画面在人们眼前快速依次出现时，我们的大脑会将它们连接起来，看起来就像是画面中的物体在动一样。

我们通过做一只小鸟进笼子的作品来感受一下这个神奇的现象吧。

（一）了解人眼

让我们先来了解一下眼球的结构与功能吧。

人的眼睛是一个近似球状体，前后直径为 23～24 毫米，横向直径约为 20 毫米，通常称为眼球。眼球是由屈光系统和感光系统两部分构成的，由角膜、房水、晶状体和玻璃体组成了眼球的折光系统，具有折射、调焦和成像的作用。

眼球的基本结构

眼球的结构包括：

（1）眼球壁。

外膜——角膜：无色透明，富含神经末梢。

巩膜：白色坚韧，保护眼球内部结构。

中膜——虹膜：棕黑色，中央有瞳孔，能调节瞳孔的大小。

睫状体：含有平滑肌，能调节晶状体曲度的大小，使眼睛能看清远近的物体。

脉络膜：有丰富的血管和色素细胞，营养眼球和形成暗室，便于成像。

内膜——视网膜：成像的部位。具有感光细胞，能接受光线刺激，产生神经冲动，内有视觉感受器。

（2）眼球内容物。

房水：房水是充满在眼前、后房内的一种透明清澈的液体，有营养、屈光，维持眼内压的作用。

晶状体：似双凸透镜，有弹性，对折光起主要作用。

玻璃体：透明胶状的物质，充满眼球内，使眼球具有一定的形态。

（二）视觉暂留现象

1. 视觉形成的过程

外界物体反射来的光线，经过角膜、房水，由瞳孔进入眼球内部，再经过晶状体和玻璃体的折射作用，在视网膜上能形成清晰的物像，物像刺激了视网膜上的感光细胞，这些感光细胞产生的神经冲动，沿着视神经传到大脑皮层的视觉中枢，就形成视觉。

2. 什么是视觉暂留现象

视觉暂留现象又称"余晖效应"，1824年由英国伦敦大学教授皮特·马克·罗杰特最先提出。人眼在观察景物时，光信号传入大脑神经，需经过一段短暂的时间，光的作用结束后，视觉形象并不立即消失，这种残留的视觉称"后像"，视觉的这一现象则被称为"视觉暂留"。视觉实际上是靠眼睛的晶状体成像，感光细胞感光，并且将光信号转换为神经电流，传回大脑引起人体视觉。感光细胞的感光是靠一些感光色素，感光色素的形成是需要一定时间的，这就形成了视觉暂停的机理。物体在快速运动时，当人眼所看到的影像消失后，人眼仍能继续保留其影像0.1 ～ 0.4秒的图像，这种现象被称为视觉暂留现象。

3. 视觉暂留现象的应用

视觉暂留现象首先被中国人运用，走马灯便是历史记载中最早的视觉暂留现象运用。宋朝时代已有走马灯，当时被称为"马骑灯"。

根据视觉暂留原理，当连续相互关联的图像（一般把静止的画面称为图像）快速变化时，人眼看到的这个图像变化的过程就是视频。电影、电视和计算机视频都是根据这个原理来实现的。

如今计算机的加入使动画的制作变简单了，所以有好多的人用Flash做一些短小的动画。而对于不同的人，动画的创作过程和方法可能有所不同，但都是以视觉暂留原理为基本依据。

　　法国人保罗·罗盖在 1828 年发明了留影盘，它是一个被绳子在两面穿过的圆盘。盘的一个面画了一只鸟，另一面画了一个空笼子。当圆盘旋转时，鸟在笼子里出现了，这证明了当眼睛看到一系列图像时，它一次保留一个图像。

二·创意风暴

　　想一想生活中还有哪些利用视觉暂留现象的案例，完成下表：

我们可以在生活中找到哪些视觉暂留现象的应用呢？	（1） （2）
利用视觉暂留现象我们还可以做什么？	（1） （2）

三·巧手实践

　　我们一起行动起来体验视觉暂留现象的奇妙吧！

任务 1：设计制作人眼构造模型

　　工具 / 原料：软泥、彩笔。

　　设计步骤：

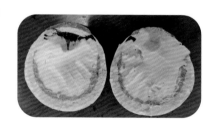

(1) 用黏土制作一个玻璃体；

(2) 分层围上中膜、外膜；

(3) 用黏土做出血管，附于眼球上。

任务 2：构建视觉暂留实验——笼中鸟

工具/原料：硬卡纸、剪刀、彩笔、双面贴、木棍（一次性筷子）、硬纸片、A4 白纸、两条橡皮筋、牙签。

制作步骤：

(1) 在硬卡纸上画两个圆形，用剪刀把两个圆形剪出来；

(2) 在两个圆形中分别画出鸟笼和小鸟，小鸟比鸟笼要小一些。涂上自己喜欢的颜色；

(3) 把鸟笼和小鸟卡纸背对背用双面胶粘起来，把筷子夹在中间粘贴固定在一起；

(4) 双手来回搓动小木棍，你就会发现小鸟入笼了。

这里介绍了小鸟入笼，笼子是不是可以替换成别的物品？房子、玻璃瓶等。当然啦！小鸟可以替换成小黄人、猴子、老鼠，怎么做就看你的喜好了。

仔细观察，鸟能进笼子与什么要素有关？是不是与卡片的转动速度有关？

（四）· 检测空间

（1）你对自己的设计作品是否满意？眼球中的血管怎样处理的？

（2）手动小鸟入笼很累呀！能不能连接一个电路让电机带动小鸟入笼呢？

（五）· 拓展链接

1829 年，比利时著名物理学家约瑟夫·普拉托（Joseph Prato）为了进一步考察人眼对光的耐受极限和在物体上停留的时间，曾经长时间盯着强烈的太阳光，结果他成了盲人。但是他发现太阳的影子深深地印在了他的眼睛里，他终于发现了"视觉保持"的原理。即当人面前的物体被移开时，物体反射在视网膜上的图像不会立即消失，而是会保留一小段时间。实验表明，物体的停留时间一般为 0.1～0.4 秒。同时，在欧洲的物理教科书和物理实验室中已经采用了"法拉第轮"原理和对图片"魔盘"旋转的可视化研究。它们向人类展示了人类视觉的生理功能可以将一系列独立的画面组合成一个连续的移动视频。

19世纪30年代，特技圆盘、飞奔圆盘、轮盘、活动镜子、频闪仪等视觉玩具相继出现。基本原理都是在一个可以旋转的可移动的视频盘上画出一系列的图像，当视频盘旋转时，那些平淡无奇的图像就移动起来了。此后，奥地利人将幻灯放映与可移动的视频盘相结合，使绘制的静止画面投射到屏幕上，制成可移动的幻灯放映，形成了早期的动画——这就是费纳奇镜。费纳奇镜可播放连续动画，是早期无声电影的雏型。费纳奇镜的变体之一是在一个手柄上垂直安装的盘片。盘片上围绕中心绘制了一系列的图片，是动画对应的帧，图片的周围是一系列狭缝。使用者旋转盘片，通过移动的狭缝看盘片在镜子里的反射。这时，使用者可看到图片接连出现，由于视觉暂留，得到连续播放效果。如果人眼没有视觉暂留特性，所看到的动画片就是一个一个定格的动作，完全没有动感。只要图片运动速度足够快，大家就能看到连续的"动画片"。

然而，在20世纪60年代，电影理论家和教育家对"视觉保持"问题提出了新的质疑。他们发现屏幕上所有的运动现象其实都是跳跃的、不连续的，但观众意识到这是一个统一的、完整的运动连续性。这证明真正起作用的不是"视觉保留"，而是"心理识别"。

电影是根据视觉暂留原理，运用照相及录音手段把外界事物的影像及声音摄录在胶片上，通过放映，用电的方式将活动影像投射到银幕上，以表现一定内容的现代技术。

现在有些人已经看腻了上面的2D平面图，尝试制作的3D幻境动画——跳跃的青蛙、鱼吃鱼——其实都是在此基础上发展起来的。

第六篇

鸟类外形的观察与模拟

一·学思启迪

　　生活中我们能看到各种各样的鸟类，它们有的能在水中游泳，有的能在地上跳跃，还有些能在枝头鸣唱。见到鸟类的场景也是多种多样的，在校园中，在路边，在公园内，在小区里，我们都能见到鸟类的身影。

　　你见到的鸟类都是怎样的呢？你能用语言形容或者画笔描绘吗？观察图片，找找与生活中相近的鸟类剪影。

　　（1）能把图片中鸟类与剪影相对应吗？请尝试画线连接：

　　（2）观察鸟类剪影能表现出鸟类的什么特征呢？

　　鸟类娴娜的体形各具特色，鸟类的头部千奇百怪，鸟类的翅、尾特点鲜明。这些都能从剪影角度看到。除此之外，鸟类身体结构的比例、一些鸟类的生活环境在剪影中也有所表现。

因此，鸟类剪影能表现一些鸟类的共同特征。毕竟剪影颜色单一，很难表现鸟类身体丰富的颜色和具体的特征。根据鸟类外形，我们将不同部位命名，从中可以看到很多细节特征的称谓。

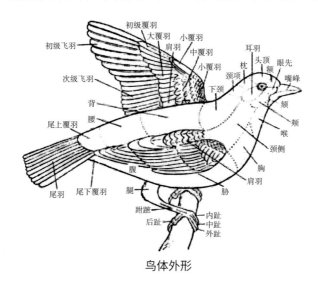

鸟体外形

二 · 创意风暴

如何立体展现鸟类呢？

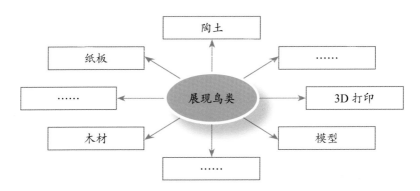

三 · 巧手实践

鸟类模型是根据部分鸟类的体型特征制作的基本形状，通过绘画、改造等方式可以更好地表现具体鸟类的物种特征。将水彩绘制在鸟类模型上，使鸟类模型的颜色尽可能与真实鸟类体表特征颜色更加贴近，从而达到外形模拟的效果。

绘画颜料

鸟类模型

绘制方法与操作步骤：
（1）仔细观察鸟类不同部位特征；
（2）找到鸟类特征对应的鸟类模型部位；
（3）用铅笔在鸟类模型上勾勒鸟类特征所在的范围；
（4）用水彩调制鸟类部位特征的颜色；
（5）将颜色涂抹在鸟类模型上。

四 · 检测空间

1. 比一比

对比同学们绘制后的作品与真实的鸟类，观察各个特征颜色是否一致呢？请找到模型鸟类与真实鸟类对应描绘的特点的 10 个特征进行打分。

特征序号	特征名称	是否存在差异 （差异内容）	相似度 （10 分差异最大）
1			
2			
3			
4			
5			
6			
7			
8			
9			
10			

2. 练一练

在认识鸟类结构名称后，请尝试用具体名称从颜色角度描述麻雀身体的 5 个结构特征：

（1）头顶：

（2）颊：

（3）

（4）

（5）

五 · 拓展链接

1. 鸟类的特征

鸟类是会飞的脊椎动物，种类繁多，生态多样，遍布全球。鸟类是自然生态系统中重要的组成部分，也是维护自然生态平衡不可缺少的一环。鸟类是自然界中最明显的环境指标，它的种类数量的变化将直接表明一个地区的环境情况。因而鸟类对人类对自然都极其重要，对人类科学、经济、艺术的发展有着重要的意义与贡献。

身体呈流线型，大多数飞翔生活；

体表被覆羽毛，一般前肢变成翼；

胸肌发达；

消化系统发达，有助于减轻体重，利于飞行；

心脏有两心房和两心室，心搏次数快；

体温恒定，通常为 42 ℃；

呼吸器官除肺外，还有由肺壁凸出而形成的气囊，用来帮助肺进行双重呼吸；

胸骨上有发达的龙骨突，骨骼中空充气，这是鸟类适应飞行生活的骨骼结构特征；

有角质喙，没有牙齿；

生殖方式为卵生。

2. 世界的鸟类资源

全世界现存的鸟类有 9700 余种，我国有 1294 种，居世界第 4 位、北半球第 1 位。根据鸟的形态和结构特征可分为 2 个亚纲：古鸟亚纲和今鸟亚纲。古鸟亚纲（Archaeornithes）的种类早已灭绝，是从爬行类进化到鸟类的中间类型，称始祖鸟。今鸟亚纲（Neornithes），又称新鸟亚纲，可分为齿颌总目、平胸总目、企鹅总目和突胸总目共 4 个总目。

巴西	2000 多种
秘鲁	1678 种
哥伦比亚	1567 种

第七篇

鸟儿自动取食器

一·学思启迪

　　我们与许许多多生物共同生活在一个生态系统中，生态环境的好坏与人类息息相关。鸟类是我们非常熟悉的动物朋友，它们可以帮助植物传播种子，也可以吃掉农田里的害虫，是生态系统中不可或缺的生物。大自然中的小虫子、果实、草籽、树根等都是鸟儿的食物。随着城市化发展使得树林逐年减少，鸟儿的食物也在减少，尤其是天气寒冷的冬季，大雪覆盖地面后，鸟类食物愈加匮乏，鸟儿就更难觅食。人类怎样才能帮助在寒潮中饥饿的鸟类渡过难关呢？就让我们一起来创意设计制作一个为鸟儿提供水和食物的装置，把鸟儿招引到我们身边，让我们能更亲近它们，提供我们人类力所能及的帮助吧！

什么是鸟儿自动取食器？简单地说就是能够安放在公园或野外，为鸟类提供食物和水的器具。用什么样的材料来制作喂鸟器呢？我们可以寻找身边的材料，如透明塑胶管、塑料瓶、牛奶盒、罐头盒，等等。

我们还需要为鸟儿们准备好适口的食物。在自然界中，每种鸟吃的食物不一样，鸟类的食物多种多样，如花蜜、种子、昆虫、果实、腐肉、小鱼、小虾等。

鸟儿到底吃什么样的食物呢？从鸟儿的嘴型大致可以判断，一般而言，粗壮嘴型的鸟比较偏爱谷物类的食物，细小嘴型的鸟喜食昆虫。因此，我们可以依据喂鸟器放置地区鸟儿的分布情况设计适合的喂鸟器，放置适合的食物。

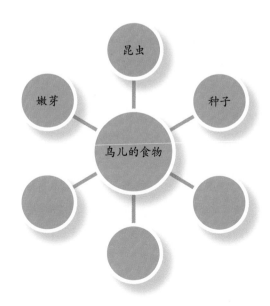

三 · 巧手实践

让我们一起来寻找解决问题的方法，从小爱护小动物，爱护大自然吧！

（一）准备与设计

1. 选择材料

准备如图所示的制作材料。

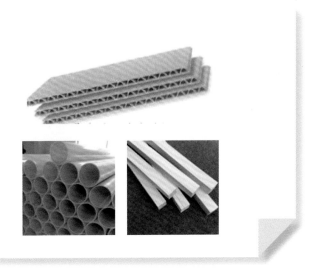

2. 考虑因素

（1）如何防止食物浪费。开动脑筋想一想如何调节取食器的出食量，不造成食物浪费。是不是可以利用食物自身的重力让食物自动下移，避免食物一次性撒出来；

（2）阻止其他动物偷食；

（3）避免雨水侵蚀等；

（4）如何保证食物不变质。

3. 设计并绘制鸟儿自动取食器草图

草图包含的要素有：储食仓、储水仓、食物出口尺寸大小、小鸟的站立位置等。

我的设计草图

我们已经完成设计图了。下面按照我们的设计图，将你需要用到的材料和工具准备好，开始我们的实践之旅吧！

（二）制作与实施

制作要点：

自动取食器底部设置应有接料盘，用于接收鸟儿在喂料槽上吃食时掉落的食物。收集在接料盘上后，其他鸟儿也能落在接料盘内吃食，避免了鸟儿啄食造成的食物浪费。同时注意作品外观的美化与调整，如何能够吸引鸟儿看到装置并取食。

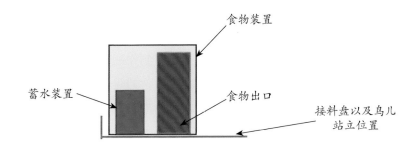

提示： 注意工具的安全使用方法、粘接方法。

制作中我们常常要用到剪刀、裁纸刀、壁纸刀、热熔胶枪、胶棒等，相信同学们通过创意设计、工程搭建、合理利用和巧妙制作，可以将这些材料变废为宝，完成喂食器的设计制作了。

我们制作的作品实际的使用者是鸟儿，到底适不适合它们，能不能受到它们的喜爱，是否能让小鸟感受到人类给予的温暖？我们人类说了不算，需要让它们来检验，所以我们需要亲手将自己的作品投放到大自然中去检验。

（一）实施效果分析与改进

我们需要将鸟类自动取食器选择合适的地点进行安放，安放的地点选择尽量避开人多嘈杂地区，可以在自家小区，也可以放在野外的树林里，甚至可以放置在家里的阳台或者窗台上。

如果选择小区或者野外的树林里，我们需要把鸟儿自动取食器悬挂起来，可以选择挂在树上，也可以制作一个支架直接悬挂起来。然后就是静静地等待与观察，看看你的设计作品是否能够得到鸟儿们的光顾了。如果你的鸟类自动取食器得到了鸟儿们的喜爱，你别忘了定期给鸟儿自动取食器续满水和食物哟！

如果你的鸟儿自动取食器没有吸引到觅食小鸟的话，你可以考虑悬挂位置是不是太隐蔽了，不容易被小鸟发现。因此可以更换一下地点。然后继续观察，是不是有小鸟来但取食不方便，这种情况，你就需要再开动脑筋继续改进你的作品，直到真正能够获得鸟儿的欢心。

对设计制作的鸟儿自动取食器招引情况分析

因素	效果	改进措施
食物种类		
放置位置		
装置本身		

（二）观察与研究

鸟儿自动取食器制作完成了，让我们来开启探索之旅吧！

（1）一种食物可以招引什么样的鸟的观察研究；

（2）对鸟儿自动取食器中食物与水的放置比例研究；

（3）对鸟类粪便的观察研究。

以上是老师提供的几个研究思路，同学们可以按照自己的想法进行探索，写出你的科研小论文。

我们还可以采取给鸟儿投食的办法，在自家阳台上，或者去公园、草地等鸟儿经常活动的场所，将剩饭、碎馒头、饼干、点心碎渣，大米、小米、谷子进行投放，这些都能成为小鸟们的一顿完美大餐。

让我们从自身做起，从小事做起爱护鸟类、争做鸟儿的守护者。爱护大自然吧！

学习单

所用材料：

我的设计思路：

制作中遇到的困难：　　　　　　　　　解决办法：

我的作品：

我的观察记录：

日期	时间	食量	水量

鸟嘴呈角质的喙，是取食的重要武器。鸟嘴形状与食性、取食方式有关，不同食性的鸟类其嘴部形状不同，所以在一定程度上我们可以通过鸟嘴的形状来判断该鸟的食性。依据鸟的食性人们划分出以下几种类型：

1. 食谷鸟类

食谷鸟类是喜食坚硬种子的一类鸟。嘴多呈坚实的圆锥状，典型的是雀科和文鸟科，如蜡嘴雀、锡嘴雀等。

2. 食虫鸟类

食虫鸟类种类繁多，占世界鸟类的一半以上，大多羽衣华丽，鸣声悦耳。由于它们的食物复杂、取食方式多样，食虫鸟类的嘴形也多种多样，有的细而弯曲，有的扁阔、嘴须发达，有的呈凿状，如山雀、黄鹂等。

3. 杂食鸟类

杂食鸟类是指既吃植物性食物也吃动物性食物的鸟类。食性较为复杂，有的以食植物种子为主，有的以食昆虫为主，有的以食果实为主。其喙形多为长而稍弯曲，有峰脊，或上喙钩曲，较肥厚，如太平鸟、画眉、百灵等均属此类。

经验证明，依据鸟的嘴形，再结合其消化道的特点可以准确判断鸟的食性。鸟儿到底是吃什么样的食物呢？我们可以借助资料查看图片观察几种鸟类的嘴型，完成下表。

嘴型	鸟名	食物

鸟是人类的朋友，是大自然的重要组成部分，也是国家的一项宝贵资源。目前，地球上生存着9000多种至少1000亿只鸟。加强保护和合理利用鸟类资源，对维护自然生态平衡，保障农牧业生产，开展科学研究和发展经济、文化、教育、卫生事业，以及对美化自然环境、丰富群众文化生活等方面都具有重要意义。

第八篇

鸟巢的
搭建与模拟

一·学思启迪

　　鸟类作为自然界生物链重要的一环，是城市生态系统的主要组成部分，也是城市环境质量的指标，具有很高的生态价值和审美价值。城市化的发展使城市鸟类的生存环境发生改变，怎样才能让更多的鸟儿在城市很好地生存并繁衍呢？

　　鸟巢是鸟类的"家"吗？其实鸟巢只是鸟类的繁殖场所，是鸟儿繁育后代的港湾。鸟巢大体可分为筑造巢和洞穴巢两类。

不同鸟巢的形状有所不同，有些属于盘状、碗状，有些属于球状或袋状结构。想一想我们可以用什么方法描述和展现鸟巢？

二·创意风暴

鸟类的繁殖分为求偶、筑巢、交配、产卵、育雏等几个阶段。巢的作用与其后的产卵、育雏有着紧密的关系，巢是鸟类哺育后代幼体的场所。由于不同鸟类繁殖时间有所差异，我们不一定一年四季都能看到鸟巢。

查一查：不同形状的鸟巢对应的是哪些鸟？

巢的形状	鸟名
盘状或碗状	
囊状	
洞巢	
烟囱状	

　　了解了不同的鸟与鸟巢，我们能否模拟搭建一个人工草巢，为鸟儿提供舒适的繁殖环境?

设计方案

　　巢类别：

　　适于的鸟类：

　　实施办法：

三 · 巧手实践

我们可以利用数据测算，通过创意设计、工程搭建，制作人工草巢；通过抗风、避雨效果测试后，将鸟巢悬挂于树上，为城市生活的鸟儿提供繁殖之地。

（一）模拟鸟巢的设计

小组讨论设计制作哪种鸟的鸟巢，画出草图并标出人工草巢的长、宽、高、口径等数据。

我们的设计图

（二）鸟巢材料的选择

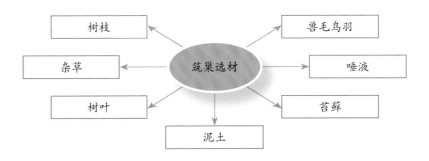

鸟巢的材料通常被称为巢材，我们利用身边常见的材料就可以模拟巢材制作鸟巢。

与自然鸟巢材料对比，可以选择树枝、干草、树叶等材料，但是像金丝燕的唾液我们无法获取，同学们想想可以选择哪些材料作为它们的替代品呢？

想一想，连一连：

实际的鸟巢　　　　　　　　材料

唾液　　　　　　　　　　　干草

软草　　　　　　　　　　　牙签

树杈　　　　　　　　　　　乳胶

藤条　　　　　　　　　　　麻绳

归纳工具与材料清单

序号	品名	数量／组
1	热熔胶枪及胶棒	1套
2	电源（接线板）	1个
3	模拟鸟蛋	1个
4	钳子	1把
5	手套	2副
6	小树棍	若干
7	干草	若干
8	藤条	若干
9	羽毛	若干
10	麻绳	若干

序号	品名	数量／组
11	苔藓	若干
12	喷壶	1 个
13	变色硅胶	若干
14	面巾纸	2 张

（三）制作过程

(1) 构建支架（巢底、外围、巢顶）；
(2) 定型；
(3) 巢体加固；
(4) 填充巢材。

（四）防水效果测试

模拟下雨检测雨水对草巢的影响。采用淋雨前后称重定量检测法检测草巢的防水和透水性是否良好。

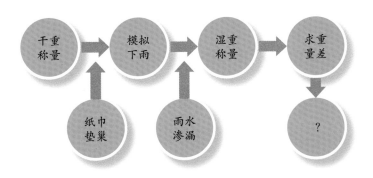

（五）悬挂草巢

选择草巢居住者经常活动的地方，将我们制作的草巢悬挂起来，定期观察是否有居住者入住，让鸟儿体验我们的成果是否适宜舒适。

（1）展示鸟巢作品，描述对应的鸟类的特征和鸟巢的结构特点，分析搭建方式及其功能。

（2）观察并听取同学们搭建的鸟巢和鸟类故事的分享，分析他们的作品是否做到了以下几点？（10分为满分）

组号	与真实鸟巢相似度（分）	透水防水性能（分）
1		
2		
3		
4		
5		

（3）完成鸟巢的搭建与模拟学习单。

鸟巢的搭建与模拟学习单

请你对人工草巢适用鸟的名称与特点进行简单描述：

我们的作品照片：

选取的材料：

模拟淋雨前后称重定量检测法：

干重（g）	湿重（g）	重量差（g）

根据测试结果，我们的分析是：

我们还想进一步修改哪些方面？

（五）· 拓展链接——奇特的鸟巢

鸟巢是鸟类生命的摇篮，对它们生儿育女有着重要的作用，鸟巢可以防止被孵的鸟卵滚落到地上，聚集在亲鸟的腹下；还可以保证鸟类在孵卵期间不受天敌的危害，对鸟卵和刚出壳的雏鸟也有保温作用，因此筑巢是鸟类繁殖成功的一个重要环节，任何鸟类都不会怠慢。

园丁鸟的"洞房"巢

园丁鸟有着超越任何禽鸟的才干，能设计、建造富丽堂皇的花园"洞房"。园丁鸟羽色鲜艳，与八哥差不多大小，它们要么蓝

眼白睛，要么黑睛金睚，千姿百态。最富情趣的要数园丁鸟的"求婚"和"结婚典礼"了。雄园丁鸟会选择树根旁的一定面积作为自己的地盘，先清除杂草和杂物，然后到处搜集树枝、树叶、贝壳、鱼骨、鲜花、果壳、鹅卵石和苔藓等材料，营造浩大的花园庭院。

营冢鸟的奇特冢巢

营冢鸟是怎样建造它们的冢状巢的呢？雄性营冢鸟先在林中厚厚的树叶层选一块地方，然后用那粗大而有力的爪子在地面上挖一个大深坑。雄鸟在坑内铺一层树叶，堆一层沙，铺一层树叶，

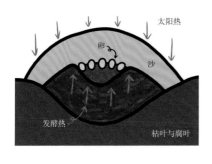

再堆一层沙，直到堆积高出地面 1 ～ 1.5 米的大堆，然后它在冢顶挖一个穴，巢就算筑好了。营冢鸟的"孵卵工程"是依靠冢内树叶发酵产生的热量，再加上太阳光的照射和地热来孵化它的卵。成鸟不时地将头伸进冢内测温，温度高了挖孔通风，温度低了向冢内敷沙土保温，以保持冢内卵室的温度保持在 34 ～ 35℃。

织布鸟的纺织巢

织布鸟是怎样编织精巧的巢呢？雄性织布鸟衔来长长的植物纤维，在预先选好的树枝上把纤维有"程序"地在上面缠绕，并不时地打上许多节做成吊巢的环状框架。雄鸟在编织过程中时不时倒吊展翅，向雌鸟炫耀。接着，雄织布鸟再一次又一次去寻找细

草或植物纤维，在环状巢基上进行编织，有时还要掺杂一些棕毛之类，逐渐编成一个和自己身体大小差不多的空心草球，不同种类的鸟会在不同的位置上编出类似瓶颈的通道和门户，再在巢内垫上羽毛和植物的花序，一个温暖而又舒适的"新居"落成了。

缝叶莺的叶巢

缝叶莺缝制的叶巢十分讲究，先用嘴在距叶缘1～2厘米的叶面上穿出一排排的小孔，然后用细细的草茎、蜘蛛丝、野蚕丝、植物纤维等做"线"，用自己的喙当"缝针"，将"线"从孔中一个个地穿过缝合。更为新奇的是，为了防止松扣，每缝一针之后，还会在孔外打一个结，巧妙地把树叶卷褶、穿孔，缝合成一个带状的巢，找寻一些草梗、嫩枝垫于巢底，再铺上一些柔软的植物纤维、棉花、兽毛等。为了防止叶柄一旦干枯脱落，造成巢毁、蛋碎或雏亡，缝叶莺往往用纤维把叶柄牢牢地系拴在树枝上；为了防止雨水漏进窝内，还特地使巢保持一定倾斜角度。

第九篇

"飞行"的鸡蛋
——鸟卵保护器的
设计与制作

一 · 学思启迪

古代人常用"鸡蛋碰石头"来比喻自不量力。可见，鸡蛋是极易破碎的，轻轻一磕就碎了。如果说鸡蛋能从十几米高的地方落下而安然无恙，那简直就是天方夜谭。但是科学有时能将不可思议的事情变为现实。今天，就让我们一起来实现这个神话吧！

为什么坚固的物体从高处落下时容易摔坏呢？从高空落下物体会对下面

的行人造成什么危害？我们首先来了解能量与能量守恒原理。

自然界中，能量是一种看不见摸不着却一直能感觉得到的神奇东西，迄今为止没人能提取或发现它的真实面貌。能量可以从一种状态或形式转变成另一种状态或形式，但是无论怎么转换，能量都是守恒的，也就是说能量不会增加或减少。比如：蒸汽机驱动火车等机械就是热能与机械能的转化。

鸡蛋从高空下落是势能与动能的相互转换。若不计空气阻力，物体落地时的速度根据下落高度的不同，最快将达到十多米每秒，甚至更快。为了让大家更好地明白这么快的速度将产生什么样的作用效果，同学们可以想象一下如此的场景—— 一辆时速达 40 km/h 的汽车突然撞到了墙上，后果可想而知。如果不采取任何措施，不要说是鸡蛋，就是一块石头，恐怕也要粉身碎骨。

被举高的物体具有重力势能，掉到地面的过程中势能转换为动能，并使物体具有一定的速度。举得越高的物体重力势能越大，降落到地面时速度越大，物体对地面的冲击力也就越大。相同质量和相同速度撞击地面时，坚固的物体发生形变较小，碰撞时作用时间短，冲量大，更容易摔坏。

在理解了能量的存在以及能量转换的道理后，我们不难理解一张纸和一个鸡蛋从相同高度坠落是不一样的。跳伞运动员在空中张开降落伞，凭借着降落伞较大的横截面积取得较大的空气阻力，得以比较缓慢地降落。

为了让举高的物体落到地面时减小冲击力，我们可以给物体

加上保护装置，降低物体下落的速度，从而使物体触碰地面时得到缓冲。同学们你们能想到几种方法呢？

| 方法 1 | 方法 2 | 方法 3 |

下面介绍几种缓冲装置，看看和你想的是否一样？

1. 降落伞型

利用降落伞，增大空气阻力，以使物体连同整个装置平稳落地。

2. 减震包装型

物体外面用减震材料，如泡沫、棉花等包裹，达到保护缓冲的目的。

3. 降低重心型

把重心尽可能降低，像不倒翁一样，使物体下落时能保持稳定状态，确保重心端着地。

4. 多面体型

用刚性又质轻的棍状材料构建一个多面体形状的构件，将物体架在多面体形状的构件中间，减少对物体的冲击，达到保护物体的目的。

5. 混合型

将以上方法加以混合利用。

三 · 巧手实践

（一）要求

（1）设计一个保护生鸡蛋的装置；

（2）保护生鸡蛋从 3 米高空自由坠落；

（3）保持鸡蛋安全不破。

（二）材料

气球、保鲜膜、塑料纸、细铁丝、竹筷子、双面胶条、海绵、卷纸筒、纸盒、塑料吸管等。

鸟卵保护器的设计与制作学习单

你的设计思路：

你的设计图：

实施办法与步骤：

四 · 检测空间

　　交流分享你的作品，运用了哪些方法？效果如何？将检验结果填写在下表中。

检验单

制作利用的方法			
鸡蛋飞行高度		鸡蛋飞行时间	
鸡蛋是否破损	实践结果分析：		
改进方法			
自我评价			

五 · 拓展链接

鸟蛋漫谈

　　鸟蛋中与人类关系最密切的莫过于鸡蛋了。鸡蛋味道鲜美，营养丰富，是深受大家喜爱的食品。当你品尝这美味佳肴时，是否知道它有可能是一个鲜活的生命？是否知道鸟蛋是怎样形成的呢？鸟蛋壳内又有什么样的结构呢？

　　众所周知，鸟类是卵生的，鸟蛋是动物界中体积相当大的卵细胞。迄今已

知的世界上最大的鸟卵是已经灭绝了的象鸟的卵。象鸟是一种很像鸵鸟，但不会飞翔的巨型鸟类，分布在非洲马达加斯加岛上，当地的土著居民用象鸟的蛋壳储存甜酒，一只象鸟的蛋壳可以装9升多啤酒。

如果将象鸟蛋与鸵鸟蛋相比较的话，它大致等于六个鸵鸟蛋那么大。鸵鸟蛋是现今存活的鸟类中最大的鸟蛋，鸵鸟蛋蛋壳结实得惊人，一个体重50千克的人站在鸵鸟蛋上，不致把蛋踩碎；如果将象鸟蛋与世界上最小的蜂鸟蛋相比较，象鸟蛋约相当于3万个蜂鸟蛋。

野生鸟类所产的蛋大体上有5种形状，卵圆形、圆形、锥形、圆筒形和球形，大多数鸟类所产的是卵圆形卵。卵圆形卵与锥形卵在巢内所占据面积较小，雌鸟能最大限度地将卵聚拢在腹部下，有利于孵化。鸟卵一般都是一头大一头小，这样利于窝巢内的卵集中在一起，万一发生滚动，也多以小头为中心，做小圆周滚动，不至于滚出巢外。

大多数鸟类所产卵的卵壳上都有各种各样的色泽或花纹，这些花纹和颜色千变万化，争奇斗艳，简直连最出色的画师也难以惟妙惟肖地描绘出来。例如，大多数啄木鸟、翠鸟、猫头鹰、斑鸠和鸽子，它们产的卵壳是纯白色的；椋鸟类的卵壳大多呈宝石蓝色；鸡鸭和鹭类的卵壳是淡黄色或淡青色；短翅树莺的卵壳呈红宝石色；鸫类的卵壳大多数在钝端有深褐色的螺旋形线纹；夜莺卵壳上都有像大理石一样的云纹；鸸鹋卵壳是深蓝色的；鹤鸵卵壳是呈淡蓝绿色。卵壳的颜色及花纹大多是一种保护色，这样利于保护后代，这是鸟类长期对自然界适应的结果。

我们仔细观察卵壳会发现，石灰质的卵壳上有许多微细的小孔叫卵孔，它是胚胎气体交换的窗口。打开卵壳，可以看到卵壳内生有两层柔韧的膜，这两层壳膜在卵的钝端分开形成气室，气室内储藏着小生命所需的氧

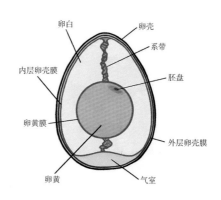

气。壳内透明的是蛋白质，为胚胎发育提供所需的水分和养料，卵白内有悬浮的卵黄，由系带固定卵黄，卵黄上有胚盘，由于重力作用，胚盘永远朝上，利于接受孵卵亲鸟的体温。

如此精巧的鸟蛋是怎样形成的呢？达到性成熟的雌鸟卵巢内有许多卵泡，卵泡内的卵细胞成熟后就落入腹腔内，被输卵管顶端的喇叭口所吸收，沿着输卵管向下移动时遇到精子而受精。受精的卵细胞沿输卵管向下滚动，逐渐被输卵管壁分泌的蛋白、壳膜以及钙质的蛋壳层包裹，于是形成了鸟卵排出体外。

每一种鸟所产的卵的形状、颜色、花纹是相对稳定的。那么每一种鸟都认识自己的蛋吗？实验证明，鸟类不仅对自己所产的卵认识模糊，就连自己的雏鸟也并不熟知，它们的孵卵和喂雏，完全是一种反射性的本能活动；同样，雏鸟出生后也并不认识它们的父母，亲鸟移动的影响和落在巢边所产生的震动，引起雏鸟反射性地做出张口求食动作。

第十篇

创建教室
生态养殖箱

一 · 学思启迪

　　教室是同学们学习的场所，为了绿化美化教室的环境，同学们摆放了各种盆栽花卉。花盆有大有小，摆在窗台上并不美观，拉窗帘的时候不小心还会打翻花盆；每当遇到小长假，同学们还要把花盆搬回家浇水，很不方便。怎样设计一款既能欣赏多种生物，又能方便管理的教室生态养殖箱呢？

　　生态养殖是运用生态技术措施，改善养殖水质和生态，按照特定的模式营造出模拟自然的环境使动植物健康生长。水培是常用的一种室内无土栽培方式，用营养液代替自然土壤为植物体提供水分、养分等生长因子，使植物能够正常生长，并供人们观察其整个生命周期。

（二）· 创意风暴

养殖花卉可以美化环境，净化空气。在人们工作、学习累了的时候，看看绿色的植物，游动的小鱼，可以缓解心理压力，放松身心，调节视力。在教室养花养鱼很麻烦，需要每天浇水喂食，并且增加了很多的清洁工作。

能不能设计一个模拟大自然生态系统的装置，用湿度传感器感知土壤湿度并自动浇灌植物。传感器插在土壤中，土壤因为缺水电路接通，水泵在太阳能电池所给出的动力下通过滴灌的方式对土壤给水，湿度达到要求，电路断开水泵不工作，浇水结束。

设计一个生态养殖箱需要考虑哪些因素？完善下图。

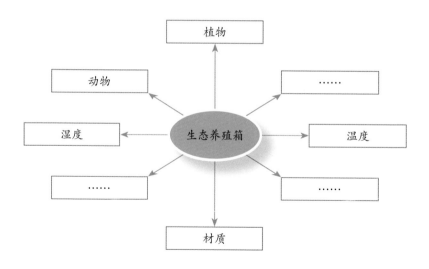

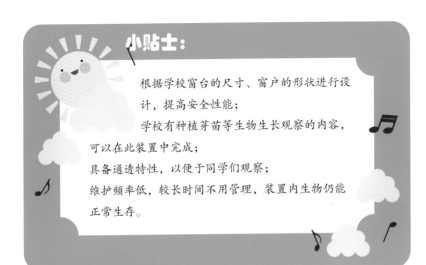

小贴士：

根据学校窗台的尺寸、窗户的形状进行设计，提高安全性能；

学校有种植芽苗等生物生长观察的内容，可以在此装置中完成；

具备通透特性，以便于同学们观察；

维护频率低，较长时间不用管理，装置内生物仍能正常生存。

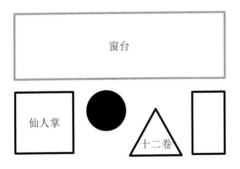

窗台

仙人掌

十二卷

三·巧手实践

（一）设计草图

根据设计要点画出设计草图。

1.结构设计

设计的项目可考虑图示所需的功能特点。

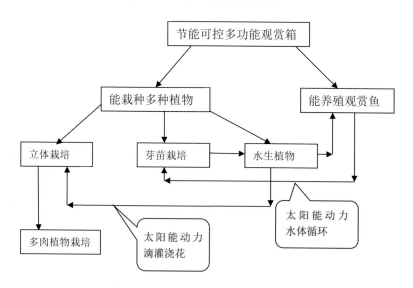

2.动力源设计

采用 9 V 太阳能电池板，提供的动力可以同时带动两个水泵工作，一个用于浇花，一个用于水循环。为应对阴天及雾霾天气，同时配备了锂电池。当阳光不足的时候，电池板带不动水泵工作却可以给锂电池充电；一旦电量够用的时候，锂电池的电可以向水泵提供动力。

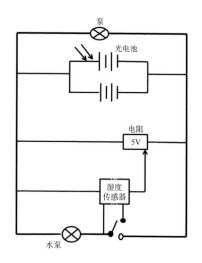

3.浇水设计

用湿度传感器实现对土壤湿度的控制。低于设定的湿度，传感器接通电路水泵开始工作，通过滴灌给植物浇花。达到设定的湿度，传感器断电，停止浇花。

4.综合设计

装置内的水由水泵作为动力进行循环，养殖观赏鱼的水流入沙砾层，水流变缓，经沙砾层的物理过滤和生物过滤渗透至陶瓷环区，再经水泵抽回至鱼类养殖区。沙砾和陶瓷环上生长的生物膜将鱼产生的残饵、粪便进行生物过滤，向水培植物和芽苗提供可吸收的有机物分子，并将水过滤后流回到鱼缸，保证了鱼缸水质，同时提供给植物生长所需的养分。

水培植物区的水被泵抽到鱼缸里，随着水位的升高，鱼缸里的水裹着残饵、粪便由溢流口流入芽苗区，水被芽苗的基质沙

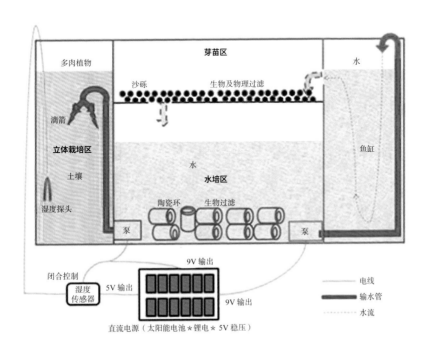

子进行物理过滤和生物过滤后，通过芽苗区的底板上的小孔漏到下层水培区被陶瓷环再次生物过滤。这样循环起来的水不但解决了鱼缸水补氧的问题，还使整个水体形成一个完整的生物水体过滤系统，提供生物生长的必要水体环境。

利用太阳能电池板作为动力，启动水泵让水循环起来，节省人为给植物换水、浇水、清洗的麻烦；利用土壤湿度传感器作为开关，启动或者关闭水泵，通过滴灌给土壤浇水，自动控制。

（二）完成设计步骤和材料清单

材料清单

材料：

操作步骤：

（三）请填写涉及的方法和原理

四 · 检测空间

学习单

我的设计思路：

我的设计图：

制作中遇到的困难：　　　　　　　　　解决办法：

我的作品：

我的观察记录：

项目	A	B	C
作品完成情况			
在教室运转情况			
动手动脑的乐趣			

（五）·拓展链接

（一）教室生态养殖箱

从简单的一个花盆—组合花盆—生态养殖，建立起动物、植物、微生物之间的紧密联系。太阳、温度、湿度、水、风、腐殖质等都与生物的生长密不可分，生物种群间共生共存。阳光提供了一切生物生长需要的能量，也让我们欣赏到生命的奥秘。

（二）结构设计类型

1. 悬挂式

可以将鱼缸设计在窗台上面，窗台下面悬挂立体栽培花架，花架上放置牛奶盒制作的立体花盆。采用太阳能动力小水车把水从鱼缸里抽到浇花水池，再通过输液管滴到立体花盆里。

2. 双层设计

悬挂在窗台下面可能会占用活动空间，可以设计双层花盆，下面养殖水培植物，上面进行土壤栽培。

3. 三层设计

在双层花盆基础上多加一层立体栽培，并在三层花盆的旁边设计鱼缸。采用蓄水池连接滴灌管道以滴灌方式浇花。使用透气性好的土壤，花盆开口要小些，水分蒸发少，计划一个月向蓄水池浇水一次，以满足植物（如绿萝和碧玉花苗）的生长。

（三）浇灌设计

1. 虹吸浇灌

在输液管上设计打孔，采用虹吸的方法把高处（鱼缸）的水滴到下面的花盆里，设计一个水池控制水量。

2. 蓄水池滴灌

设计一个蓄水池在水池底部预埋滴水口，滴水口下面连接水管和滴箭，水从蓄水池通过水管滴到土壤里，给植物浇水达到节水效果。

3. 生物膜水体循环浇灌

太阳能电池提供动力让水泵把水从水培植物区抽到鱼缸里，水位上涨达到溢流口的高度从溢流口流出，流进芽苗区，芽苗区的沙砾对鱼缸里含有残饵、粪便的水进行物理过滤和生物过滤，洁净的水从底部漏下来，漏到水培植物区，水培区的陶瓷环再次进行生物膜过滤，水又被水泵抽到鱼缸里。这样的一个完整的生物膜水体过滤既完成了过滤又完成了浇灌。

（四）以色列滴灌技术

你敢相信吗？一个年平均降雨量不足 200 毫米的国家，竟然是公认的"农业强国"，不仅实现了"淡水自由"，还成功将沙漠变成了绿洲。以色列人究竟是怎么做到的？

这个国家只有 2.5 万平方公里，地处地中海沿岸，沙漠面积占据以色列国土面积的 67%。干旱缺水的以色列只有一个淡水湖——加利利湖，不能满足所有以色列人的生活用水。以色列人开始致力于"海水淡化技术"，目前以色列已经拥有 5 家大规模的海水淡化厂，世界上最大的淡水处理厂也在这里，它们每年能为以色列提供近 6 亿立方米的淡水资源，很大程度上缓解了该国水资源匮乏问题。

以色列的第 2 项创新技术——滴灌技术，以滴水方式进行灌溉的技术，并在农田中埋设了传感器，以此来实施监测农作物的生长情况。根据传回的数据，确定什么时候给农作物浇水，浇多少水。在这两大创新技术的支撑下，以色列已经呈现一片绿意盎然，甚至还在沙漠种起了瓜果蔬菜，建起了鱼塘，成功实现了人们所期盼的"沙漠变绿洲"，成为中东地区唯一一个发达国家。

第十一篇

北斗
探秘植物

一 · 学思启迪

北斗卫星导航系统是我国着眼于国家安全和经济社会发展需要，自主建设、独立运行的卫星导航系统，是为全球用户提供全天候、全天时、高精度的定位、导航和授时服务的国家重要空间基础设施。作为国家重大科技专项，也是我国最为重要的航天系统工程之一，近年来发展迅速。北斗二号卫星工程曾荣获 2016 年度国家科技进步奖特等奖，已经占据我国科技的制高点。2020 年北斗三号系统全面建成，对于国家的军事应用、行业应用、民间应用都具有极为重要的意义。

自然界生长的植物所在位置的标定可以借助航天工程北斗卫星导航系统的定位能力来解决，使用专用教学器材标注观测的植物所在的经纬度位置，对植物的多样性、自然环境进行调查，便于进行数据统计和分析，为植物保护多样性研究提供支撑。

北斗卫星导航系统为我们的生活带来很多便利，请你查阅资料后扩展完善下图。

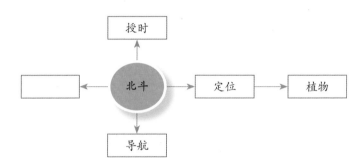

三 · 巧手实践

（一）认识经纬仪模块

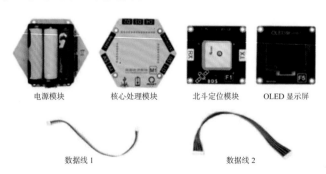

电源模块　　　核心处理模块　　　北斗定位模块　　　OLED 显示屏

数据线 1　　　　　　　数据线 2

（二）创意搭建

按照下表将不同模块的数据线正确连接。注意请勿遮挡北斗定位模块的天线面。

模块名称	模块接口	核心处理模块接口
电源模块	电源接口	电源接口
北斗定位模块	TX	RX
	RX	TX
OLED 显示屏	数据接口	OLED 显示屏接口
逻辑开关模块	D	D

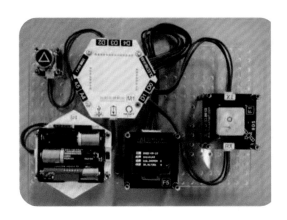

（三）采集经纬度

将北斗经纬仪带到室外开阔处，打开电源开关，等待显示屏显示数据。

使用设备定位当前位置的经纬度，探究经纬度变化与方向的关系，并找到正北方向标记在地图中。

日期	时间	经度	纬度

（四）定位探秘身边的植物

利用设备对一个地区的各类植物分布位置进行调查记录；并绘制此地区的地图，将植物识别地点记录在地图中。

北斗植物调查笔记

观察点	时间	经度	纬度	植物名称记录
1				
2				
3				
4				
5				

植物调查地图：

（四）· 检测空间

（1）开展植物调查实践活动，借助航天工程北斗卫星导航系统进行校园植物种类调查研究，总结成调查报告。

（2）参加北斗探秘植物竞赛活动，既锻炼了体魄，认识了植物，也体验了我国自主研发的导航系统的精密。

（五）· 拓展链接

（一）园林常见植物

植物名称	分类地位	植物特征
芍药	毛茛科芍药属	多年生草本。块根由根下方生出，肉质，粗壮，呈纺锤形或长柱形。芍药花瓣呈倒卵形，花盘为浅杯状，花期5～6月，原种花白色，花瓣5～13枚。园艺品种花色丰富，有白、粉、红、紫、黄、绿、黑和复色等，花径10～30厘米，花瓣可达上百枚。果实呈纺锤形，种子呈圆形、长圆形或尖圆形。芍药被列为"十大名花"之一。
牡丹	毛茛科芍药属	为多年生落叶灌木。茎高达2米，分枝短而粗。叶通常为二回三出复叶，近枝顶的叶为3小叶；花单生枝顶，萼片5，绿色，花瓣5或为重瓣，玫瑰色、红紫色、粉红色至白色，通常变异很大，倒卵形，顶端呈不规则的波状；花药长圆形，长4毫米；花盘革质，杯状，紫红色；膏葖果长圆形，密生黄褐色硬毛。花期5月。

丁香	木樨科 丁香属	落叶灌木或小乔木。因花筒细长如钉且香故名，为哈尔滨市市花，是著名的庭园花木。花序硕大、开花繁茂，花色淡雅、芳香，在园林中广泛栽培应用。古代诗人多以丁香写愁。因为丁香花多成簇开放，好似结。称之为"丁结，百结花"。
紫藤	豆科 紫藤属	落叶藤本。枝较粗壮，嫩枝暗黄绿色密被柔毛，奇数羽状复叶互生，小叶7～13枚，卵状椭圆形，总状花序，呈下垂状，花紫色或深紫色，雄蕊10枚（9+1）。荚果扁圆条形，长达10～20厘米，密被白色绒毛，花期4～5月。最古老的紫藤生长近千年。
紫花地丁	堇菜科 堇菜属	别名野堇菜。多年生草本，无地上茎，高4～14厘米，叶片下部呈三角状卵形或狭卵形，上部者较长，呈长圆形、狭卵状披针形或长圆状卵形，花中等大，紫堇色或淡紫色，稀呈白色，喉部色较淡并带有紫色条纹；花果期4月中下旬至9月。

（二）参观卫星导航应用博物馆

北斗卫星导航应用博物馆位于北京经开区合众思创北斗产业园内，博物馆从卫星导航的前世今生和北斗卫星导航的应用两个方面，展示了从地标导航、天文导航，再到地磁导航、卫星导航在内的导航技术发展历程，以及从产品、部件、终端设备、解决方案到服务平台北斗全产业链体系，打造出北斗卫星导航技术及应用的科普基地。

第十二篇

校园生态景观
设计与模型搭建

 学思启迪

学校是孩子们学习和生活的乐园，也是孩子们成长的重要环境之一。凡是学校教学用地或生活用地的范围，均可称作校园，包括学校校园中的各种景物及其建筑。

学校是育人的场所，它的布置与美化也是学校文化建设的重要工作，是学校综合办学水平的重要体现，是提升学校在社会公众心目中的知名度和美誉度的重要途径。为进一步加强学校文化建设，营造良好的育人环境，全面提升教育质量，以学生为本，学生自己参与对校园进行贴合他们喜爱的生态景观设计尤为重要。景观设计有一定的原则。

1. 以人为本的原则

居住小区的绿化首先要以人为本，人、建筑、绿地有机的融合，最大限度地满足人的需求，营造自然、舒适、亲近、宜人的学习区域环境。

乔木、灌木、草坪和地被植物要有一个合理的配置比例，以期达到最佳的观赏效果和生态效果。种植一些花色鲜艳、具有芳香气味的树种，选择一些可起到杀菌、净化空气作用的松柏、银杏、紫薇等树木，同时常绿树和落叶树搭配种植。

2. 美观的原则

美观就是外形好看、漂亮，它是小区绿化景观的一个基本要求。整体美、形体美、色彩美、嗅觉美，还可以设计一些亭、廊、榭、桥和花架，使环境达到整体美的效果。

二 · 创意风暴

学校是我们最熟悉的地方，是学生、教师共同学习生活的地方，也是一个学校的灵魂，学校的生态环境怎样设计才能给学生、教师带来愉悦的快感，需要做哪些方面的准备？

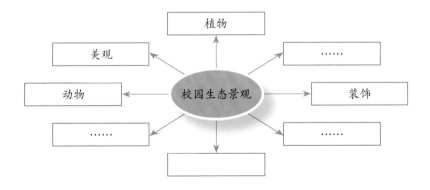

三 · 巧手实践

（一）小组讨论学校景观设计的想法，确定主题

（二）归纳并设计学校景观方案

（三）依据设计方案画出图纸

要求： （1）画图要设置适当的比例；

（2）将设计图画在 A4 纸上；

（3）控制模型在 50 厘米 ×100 厘米之内。

（四）准备材料器具

底板、黏土、木棍、搭建材料，等等。

（五）制作完成设计模型

（1）先将图纸上的各个部分分别搭建完成；

（2）用结实的木棍或条框等搭好框架结构；

（3）注意模型总高不高于 50 厘米；

（4）用任意零件以及生活材料美化完善作品。

四 · 检测空间

（一）想一想：你们的设计依据了哪些原则？

设计原则

（二）评判一下你们的搭建作品

搭建过程	所用材料	外观效果

（三）校园生物多样性的调查

对校园内的各种生物展开调查，认识校园生物的多种多样，总结出校园生物调查报告。

学员作品展示

五 · 拓展链接

（一）物候学

物候学（phenology）是研究自然界植物和动物的季节性现象同环境的周期性变化之间的相互关系的科学。它主要通过观测和记录一年中植物的生长荣枯、动物的迁徙繁殖和环境的变化等，比较其时空分布的差异，探索动植物发育和活动过程的周期性规律，及其对周围环境条件的依赖关系，进而了解气候的变化规律，及其对动植物的影响。它是介于生物学和气象学之间的边缘学科。

物候学是把气候或气象在各个时期的变化同自然界其他诸种现象联系起来研究的科学，但实际上则是以生物现象为主要对象，所以亦称为生物季节学或花历学。例如，根据植物在各地的发芽、开花、展叶、红叶、落叶等时期的调查，可以对该地方的气候进行比较。对于动物则调查"鸟的迁徙"，对各种动物的休眠、孵化、变态等时期变化进行观测，也可以说是一种生物钟。

（二）景观规划设计的原则

现代景观规划设计涵盖面大，强调一种精神文化，满足大众文化需求，面向大众群体，强调生态、风景、旅游三位一体，讲求经济性和实用性，可以说现代景观最大的特点就是面向大众，它不像传统园林面向少数王宫贵族。

（1）统一性原则：也称变化与统一或多样与统一的原则。植物景观设计要让树形、色彩、线条、质地及比例都要有一定的差异和变化。

（2）调和性原则：即协调和对比的原则。植物景观设计时要注意相互联系与配合，体现调和的原则，使人具有柔和、平静、舒适和愉悦感。

（3）均衡性原则：是植物配植时的一种布局方法。将体量、质地各异的植物种类按均衡的原则配植，景观就显得稳定、顺眼。

随着现代生活的发展，现代景观规划设计和传统风景园林设计的制约因素也有所变化。现代城市密度比较高，人多地少，所以在景观规划设计中要善于利用有限的土地，见缝插绿，利用好高楼大厦的特殊地方如露台等，来设计、创造出好的景观。

（三）生物多样性

生物多样性是指一定范围内多种多样活的有机体（动物、植物、微生物）有规律地结合所构成稳定的生态综合体。生物多样性影响着地球的生态平衡，同时也展现了地球上不同生命形式所带来的丰富多彩。保护生物多样性是全世界环境保护的核心问题，也是当今社会可持续发展所关注的重要问题之一。生物多样性由地球上的所有生物所拥有的全部基因以及各种生态系统共同构成。它包括：

（1）遗传多样性：蕴藏在地球上植物、动物和微生物个体基因中的遗传信息的总和。

（2）物种多样性：生物多样性在物种上的表现形式，可分为区域物种多样性和群落物种多样性。

（3）生态系统多样性：生物圈内生境、生物群落和生态过程的多样性。

据 E. O. Wilson 1992 年的统计资料，估计全世界生物总数在 200 万种至 1 亿种。全球已记录的生物为 141.3 万种，其中昆虫 75.1 万种，其他动物 28.1 万种，高等植物 24.84 万种，真菌 6.9 万种，真核单细胞有机体 3.1 万种，藻类 2.7 万种，细菌等 0.5 万种，病毒 0.1 万种。

　　我国是地球上生物多样性最为丰富的国家之一，是世界十个生物多样性最丰富的国家之一，居温带地区之首；植物多样性尤其丰富，高等植物 3 万种，仅次于巴西和哥伦比亚。脊椎动物 6347 种，占世界总种数 13.97%；特有属种繁多，如有"活化石"之称的大熊猫、白鱀豚、水杉、银杉、银杏和攀枝花苏铁等。